A todas aquellas momias despojadas de sus vendas
y condenadas a perder su condición inmortal.

Berta Páramo

CURIOSAS · CURIOSAS MENTES · MENTES CURIOSAS

Momias egipcias

Objetivo: la vida eterna

EDITORIAL
CSIC

zahorí
BOOKS

La muerte no es el final.

O eso pensaban en el antiguo Egipto. Era el comienzo de un viaje hacia la vida eterna.

Prepararse para la travesía era parte de la vida, y le dedicaban esfuerzo ¡y dinero!

Momificar el cuerpo tras abandonar la vida era lo primero de la lista.

EL MITO DE OSIRIS

Osiris reinaba en las regiones fértiles del Nilo, mientras que su hermano Set lo hacía en las montañas y los desiertos de Egipto.

Osiris e Isis, su esposa, eran admirados y amados por su pueblo, algo que su hermano Set envidiaba profundamente.

Tanto era así que el celoso Set asesinó a Osiris y dividió su cuerpo en catorce partes, que esparció por todo el país.

Isis recuperó los pedazos y, ayudada por Neftis y su hijo Anubis, recompuso a su amado uniéndolos con vendas y gracias a la magia.

1.ª
MOMIA

Osiris, resucitado, se convirtió en el dios del inframundo (el más allá en la mitología egipcia) y en la primera momia.

Cuerpo   Ka   Sombra   Ba

Nombre

La antigua civilización egipcia creía que el ser humano estaba formado por el cuerpo físico y por una serie de elementos espirituales, llamados Ka, Ba, Akh, Sombra y Nombre.

Pensaban que, al morir el cuerpo, ocurría una disociación entre estas partes.

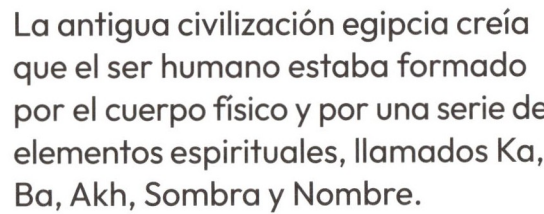

Akh

Para vivir eternamente, era necesario recuperar esa unión y, para lograrlo, resultaba imprescindible conservar el cuerpo en perfectas condiciones:

¡HABÍA QUE MOMIFICARLO!

Antes del Egipto de los faraones (3100-31 a. e. c.), las familias egipcias enterraban a sus muertos sin envoltorios en la arena seca y caliente del desierto. De esta manera se desecaban, lo que impedía su descomposición, y se convertían en momias de forma natural.

En cambio, si se metía el cuerpo en un ataúd, aislado de la arena caliente, se iniciaba el proceso de descomposición.

«Ginger» es una momia natural hallada en las tumbas de arena de Gebelein, cerca de la ciudad de Luxor, Egipto. El cuerpo conservado es el de un hombre que murió hace más de 5000 años.

Aprender fue un proceso de prueba y error. Con el tiempo, los sacerdotes egipcios desarrollaron técnicas que los convirtieron en los maestros de la momificación artificial.

La momificación artificial comenzó siendo exclusiva del faraón, rey del antiguo Egipto. Más tarde, el proceso se fue extendiendo a toda la familia real y a la aristocracia. Hasta que todo el mundo soñó con la vida eterna.

Todo el que podía permitírselo, ¡claro!

Se desarrolló un potente negocio en torno de la muerte. Se ofrecían diferentes posibilidades de momificación, con distintos precios.

Aunque en el antiguo Egipto existían sacerdotisas, el arte de la momificación estaba reservado al clero masculino.

El director del ritual llevaba la máscara de Anubis, dios de la momificación. Los sacerdotes lectores pronunciaban las fórmulas mágicas, los cortadores realizaban la incisión para extraer los órganos...

Sacerdotes altamente cualificados se encargaban de los rituales y del proceso físico de preparación del cuerpo.

No se ha encontrado ningún manual de instrucciones de la momificación. Los conocimientos y los secretos profesionales se transmitían oralmente a la siguiente generación.

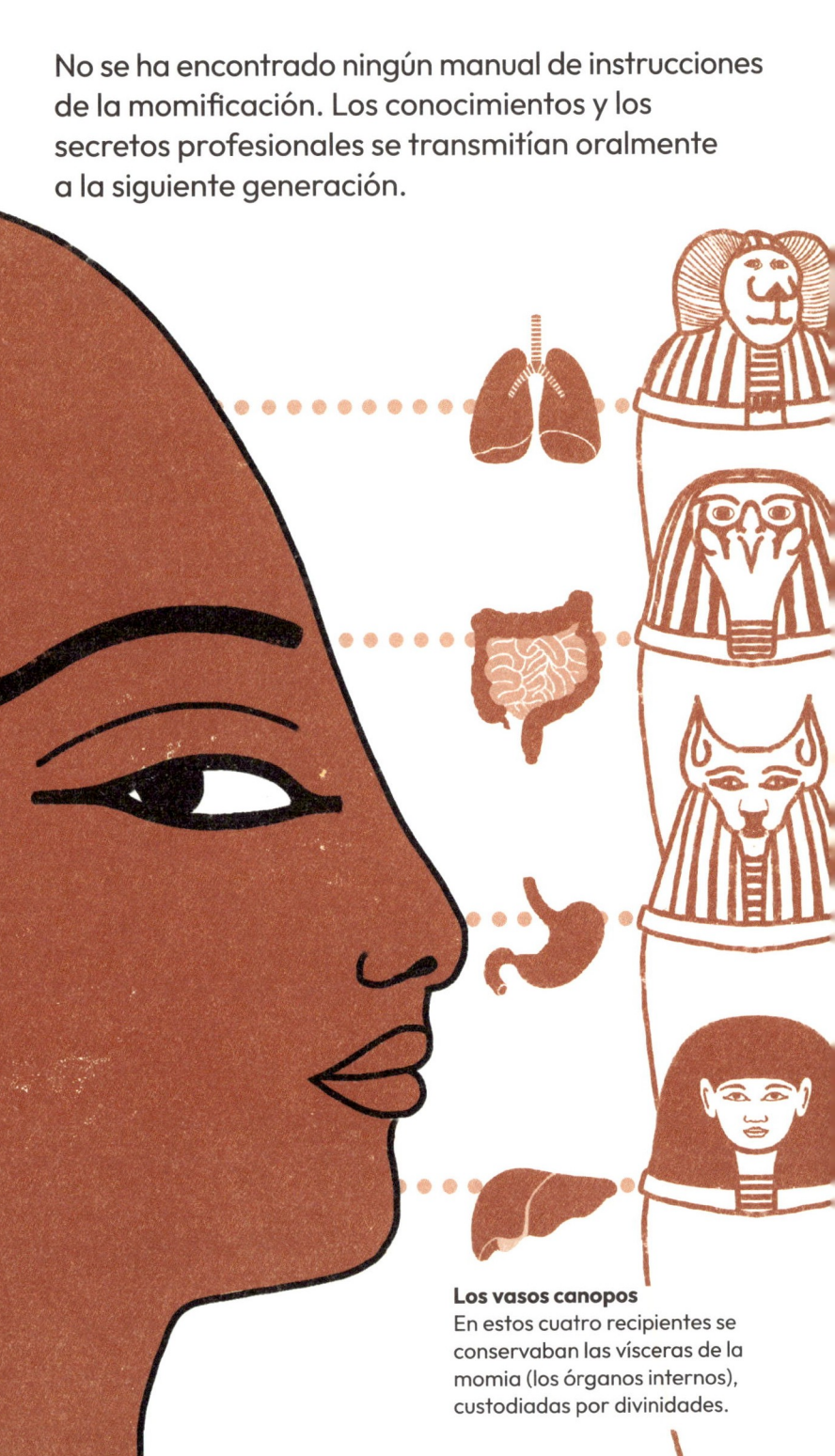

Los vasos canopos
En estos cuatro recipientes se conservaban las vísceras de la momia (los órganos internos), custodiadas por divinidades.

Cuando una persona moría, su muerte se anunciaba por las calles y comenzaba el duelo en casa durante cuatro días.

Las plañideras eran mujeres pagadas por la familia de la persona fallecida para que demostraran dolor por la pérdida. Lloraban, se golpeaban el pecho y se embadurnaban con barro, lamentándose.

A continuación, el cuerpo se llevaba en procesión a la orilla oeste del Nilo, a la Buena Casa, donde se realizaba la momificación.

El primer paso era el lavado del cuerpo en la Tienda de Purificación.

En el Taller de Embalsamamiento se extraían las vísceras.

El estómago, el hígado, los pulmones y los intestinos se momificaban y se colocaban en los vasos canopos.

El cerebro era desechado y el corazón se mantenía en su sitio.

El secado del cuerpo se realizaba cubriendo al difunto con natrón, la sal divina, un mineral natural que absorbe el agua.

Una vez deshidratado, se le aplicaban ungüentos para devolver a la piel su textura.

Por último, se rellenaba el interior con paquetes de lino, resinas y serrín para que recuperara sus dimensiones originales.

El cuerpo era envuelto cuidadosamente con vendas de lino, entre las que se incorporaban amuletos.

Se colocaba sobre el rostro una máscara con la imagen del individuo difunto y, finalmente, se introducía su cuerpo en un ataúd con forma humana, junto con instrucciones para guiar a la momia en el más allá.

Todo el proceso duraba unos setenta días.

Una vez finalizada la momificación, comenzaban los funerales. El cortejo fúnebre se dirigía a la tumba en procesión.

La momia era trasladada en un trineo tirado por bueyes; en otro, viajaban los vasos canopos. Sacerdotes, plañideras y familiares la acompañaban en el trayecto. Los sirvientes porteaban el ajuar que después era sepultado junto a la momia para su uso en el más allá.

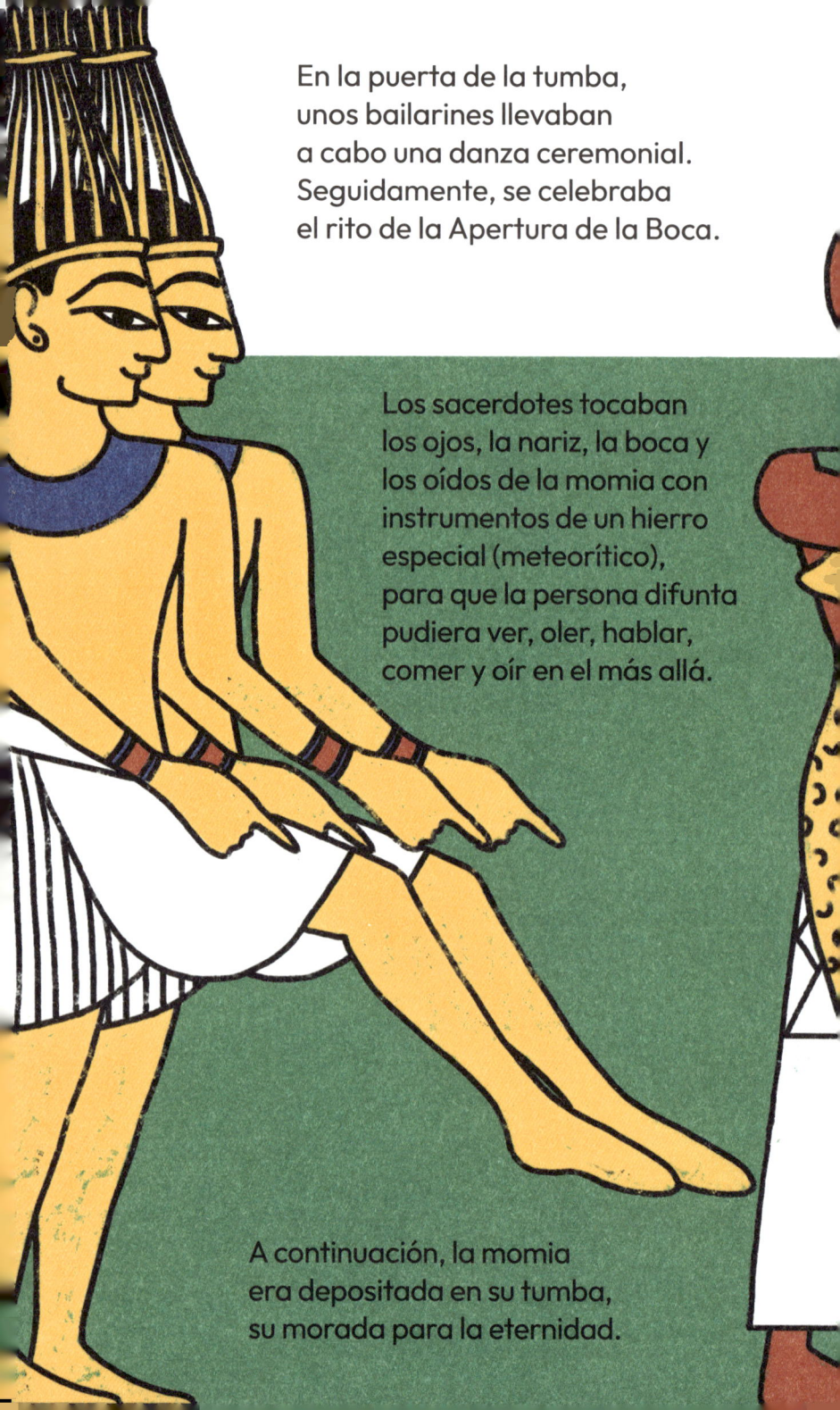

En la puerta de la tumba,
unos bailarines llevaban
a cabo una danza ceremonial.
Seguidamente, se celebraba
el rito de la Apertura de la Boca.

Los sacerdotes tocaban
los ojos, la nariz, la boca y
los oídos de la momia con
instrumentos de un hierro
especial (meteorítico),
para que la persona difunta
pudiera ver, oler, hablar,
comer y oír en el más allá.

A continuación, la momia
era depositada en su tumba,
su morada para la eternidad.

El objetivo era llegar al reino de Osiris (Aaru), el paraíso celestial donde viviría eternamente. Para ello, el alma de la persona difunta debía atravesar el inframundo (Duat), el más allá, lleno de peligros y trampas.
Si el alma había sido justa, no tendría problemas para superar las pruebas.

En el Juicio, el alma debía pronunciar la confesión negativa ante 42 jueces. Es decir, debía negar haber cometido 42 crímenes: no haber matado, no haber arrebatado la leche de la boca de un niño... A causa de esta confesión, el corazón podía aumentar de peso.

Se procedía a pesar el corazón, frente a la pluma de Maat. Anubis, dios de la momificación, supervisaba la balanza mientras Tot, dios de la sabiduría, tomaba nota del resultado.

Durante el Juicio Final, el corazón era depositado en el platillo de una gran balanza, que tenía como contrapeso la pluma de Maat, diosa de la justicia y de la verdad.

Si el corazón resultaba más pesado que la pluma, el alma sería devorada por Ammit, criatura mitad león, mitad hipopótamo y con cabeza de cocodrilo. Era el peor castigo posible: perdía la inmortalidad y perecía para siempre.

Si, por el contrario, el corazón era ligero, el alma era invitada a pasar la eternidad en los fértiles campos de Aaru, y podría ir a fiestas y cacerías e inspeccionar sus tierras atendidas por sirvientes.

El número de sirvientes en el Aaru dependía del número de figurillas funerarias, llamadas *ushebtis*, con las que el difunto era enterrado.

Las tumbas de los faraones y aristócratas atesoraban grandes riquezas. Saquearlas podía acarrear trabajos forzados, mutilaciones y hasta la muerte. Aun así, ¡había quien lo intentaba y lo conseguía!

Las personas que se dedican a la egiptología se arriesgan a lo mismo en aras de la arqueología. Sus descubrimientos pueden ser históricos, si se obvia el escabroso tema de perturbar la paz de una momia que necesita todo lo que la rodea para vivir en el más allá.

El estudio de las momias puede revelar muchos de sus secretos. En la investigación intervienen especialistas en muchas áreas: historia, paleontología, antropología, medicina, arte...

Los análisis de ADN, el carbono-14 o un TAC pueden contribuir al descubrimiento de quién era la persona momificada, cuándo vivió, qué comía, qué enfermedades tuvo, de qué murió...

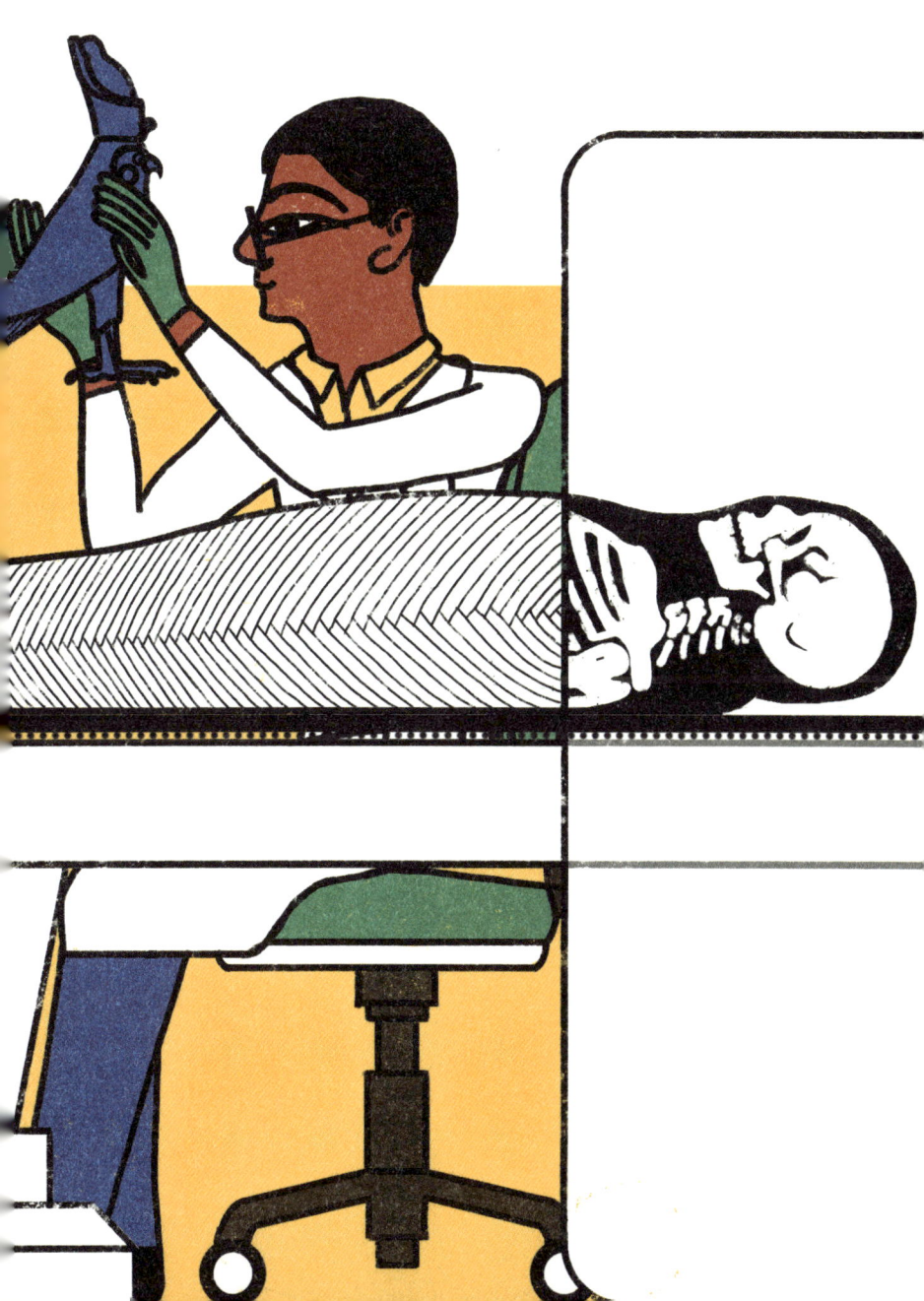

Millones de animales también fueron momificados por diferentes motivos.

Los animales sagrados se momificaban como representaciones de dioses y otros para servir de ofrendas en los templos.

Un buen pato o una pierna de buey momificados eran bienvenidos en el menú de ultratumba.

Si la persona difunta se llevaba su ajuar al otro mundo, ¿por qué no llevar a tu mascota favorita para acompañarte toda la eternidad?

En el siglo XIX, en Londres, muchas grandes fiestas incluían el extravagante espectáculo del desvendado de una momia mientras se descubrían los tesoros que escondía.

Esta práctica incrementó el tráfico de momias y cierto interés científico.

El experto en anatomía Thomas Pettigrew, conocido como *momia* Pettigrew, fue uno de los más famosos maestros de ceremonias.

MUMIA

El polvo de momia era el ingrediente esencial de la *mumia,* supuesto remedio para todo tipo de padecimientos. Fue muy popular en la Edad Media y hasta el siglo XVIII.

Prometía curar desde la diarrea hasta la peste bubónica.

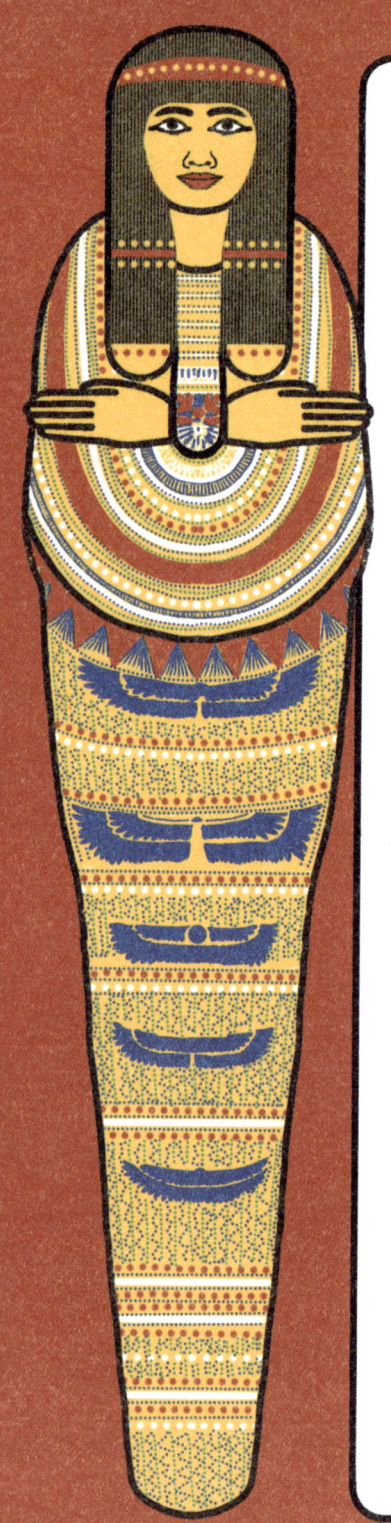

La creencia popular sobre las desgracias que acompañan a quienes perturben la paz de una momia está muy extendida. Figuras célebres de la literatura, el periodismo y el cine la han alimentado. Es famosa la supuesta maldición de la momia del faraón Tutankamón, a la que se asocian varias muertes.

Esta tapa de ataúd que se exhibe en el Museo Británico de Londres es conocida como la *Momia de la mala suerte*.

¿Qué maldiciones alejarían a los intrusos
de tu habitación?

Que te pique un mosquito mientras duermes.

EGIPTO

HATSHEPSUT

PROYECTO
DJEHUTY

MENTE CURIOSA QUE NOS INSPIRA:

José Manuel Galán Allué

José Manuel es egiptólogo. Es profesor de Investigación del CSIC en el Instituto de Lenguas y Culturas del Mediterráneo y Oriente Próximo y director del Proyecto Djehuty en Luxor (Egipto). Al terminar la licenciatura en Historia antigua viajó a Estados Unidos, donde aprendió a descifrar jeroglíficos y pudo leer las composiciones literarias que se escribieron sobre papiro hace 4000 años. Como científico titular del CSIC puso en marcha una excavación en Luxor, el proyecto Djehuty, que excava, investiga y restaura un conjunto de tumbas y capillas funerarias que abarcan desde el 2000 a. e. c. hasta la época romana.

Allí, entre otros muchos hallazgos, ha encontrado la momia de una joven que vivió hace 3600 años y su ajuar, además de numerosas momias de ibis que se ofrecían en honor al dios Tot.

Conoce más a
José Manuel Galán:

Colección Mentes curiosas - Curiosas mentes

DIRECCIÓN
Pura Fernández

SECRETARÍA
Carmen Guerrero

COMITÉ EDITORIAL
Paloma Arroyo Waldhaus
Irene Cuesta Mayor
Marta Fernández Lara
Emilio García Gómez-Caro
Luisa Martínez Lorenzo
Mireia Trius
Mar Valls
Violeta Vicente Olmo

Primera edición: octubre de 2025

© 2025, de los textos y las ilustraciones: Berta Páramo
© 2025, de la edición:

CSIC, 2025
http://editorial.csic.es
editorialcsic@csic.es

Zahorí Books · Sicília, 358 1-A 08025 Barcelona
www.zahoribooks.com

Diseño y maquetación: Joana Casals
Corrección: Miguel Vándor

ISBN: 978-84-19889-60-7 (Zahorí Books)
ISBN: 978-84-00-11472-5 (CSIC)
e-ISBN: 978-84-00-11473-2 (CSIC)
NIPO: 155-25-120-1
e-NIPO: 155-25-121-7
Depósito legal: B 6594-2025

Impreso en Barcelona

Este producto está elaborado con materiales de bosques con
certificado FSC® y bien gestionados, y con materiales reciclados.

GOBIERNO
DE ESPAÑA

MINISTERIO
DE CIENCIA, INNOVACIÓN
Y UNIVERSIDADES

CSIC
CONSEJO SUPERIOR DE INVESTIGACIONES CIENTÍFICAS

EDITORIAL
CSIC

zahorí
BOOKS